U0189545

它们去哪儿了？

便便、塑料和太空垃圾

［英］海伦·格雷特黑德 著

［英］凯尔·贝克特 绘

王凡 译

科学普及出版社

·北 京·

图书在版编目（CIP）数据

它们去哪儿了？ . 便便、塑料和太空垃圾 /（英）海伦·格雷特黑德著；（英）凯尔·贝克特绘；王凡译 .
北京 : 科学普及出版社 , 2025. 2. –– ISBN 978-7-110 –10898-7

Ⅰ . X–49

中国国家版本馆 CIP 数据核字第 2024J0A611 号

Where Does It Go?: Poo, Plastic and Other Solids

First published in Great Britain in 2023 by Wayland

Copyright © Hodder and Stoughton, 2023

Text by Helen Greathead

Illustration by Kyle Beckett

All rights reserved.

北京市版权局著作权合同登记　图字：01-2024-5532

目录

什么是固体?

固体无处不在，它包括塑料瓶、粪便和马桶等! 本书探索了在大自然、动物与人类的身体以及太空中，多种不同类型的固体如何被分解、再循环利用的过程。

有一定的形状和体积的物体，就是固体。
固体由结构紧密的分子(原子或离子)组成。

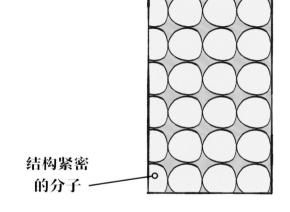

结构紧密
的分子

固体不容易改变形状，但在遇到以下情况时，它的形状会发生变化。

加热　　　　切割

挤压

瓶子本身是固体，但装在里面的饮料却是液体。如果你把饮料倒进另一个容器，它就会改变形状以适应新的容器。

分子运动剧烈

有趣的是，有些固体也能被倒出来！试着把盐或糖从一个容器转移到另一个容器中，你会发现它们好像也能改变形状，但盐和糖不会给你带来液体湿滑的感觉。它们实际上是由众多微小的晶体构成，每一个晶体都是固态的。

糖晶体

嗯，甜甜的！

你有没有想过，像糖这样的固体，在我们体内会发生什么变化呢？

血液中的糖

很多食物中都含有糖。

草莓

三明治

蛋糕

酸奶

巧克力

其中一些食物的含糖量比较高。

儿童每天安全的糖摄入量为 3~6 茶匙（不超过 25 克）。然而，在某些国家，儿童每天的糖摄入量是这个标准的两倍。

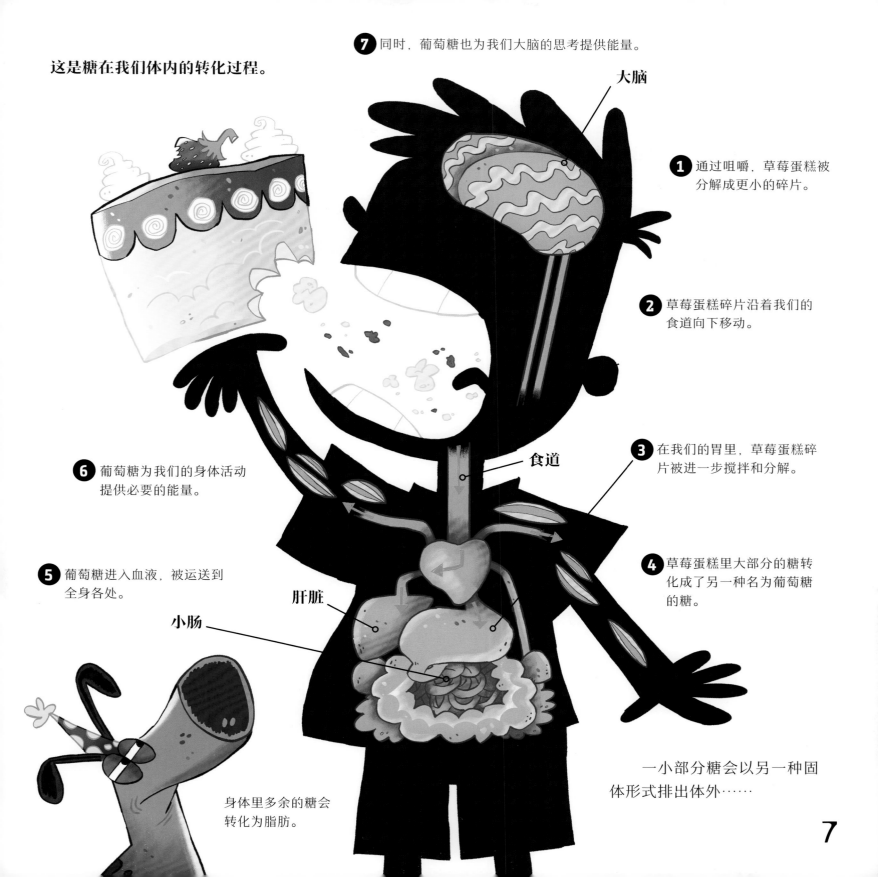

这是糖在我们体内的转化过程。

7 同时，葡萄糖也为我们大脑的思考提供能量。

大脑

1 通过咀嚼，草莓蛋糕被分解成更小的碎片。

2 草莓蛋糕碎片沿着我们的食道向下移动。

食道

3 在我们的胃里，草莓蛋糕碎片被进一步搅拌和分解。

6 葡萄糖为我们的身体活动提供必要的能量。

5 葡萄糖进入血液，被运送到全身各处。

肝脏

小肠

4 草莓蛋糕里大部分的糖转化成了另一种名为葡萄糖的糖。

身体里多余的糖会转化为脂肪。

一小部分糖会以另一种固体形式排出体外……

排便很重要

每个人都要排便。这是身体自我清洁的方法，通过大便排出身体不需要的物质。

大便中都包含什么？

虽然大便是固体，但其中含有大量的液体，约 75% 为水分，约 25% 为固体物质。

细菌——大便中含有多种肠道细菌，它们能够帮助消化食物。

人类的大便中发现了微塑料颗粒！它们可能来源于食物及其包装，或者塑料瓶装饮料。

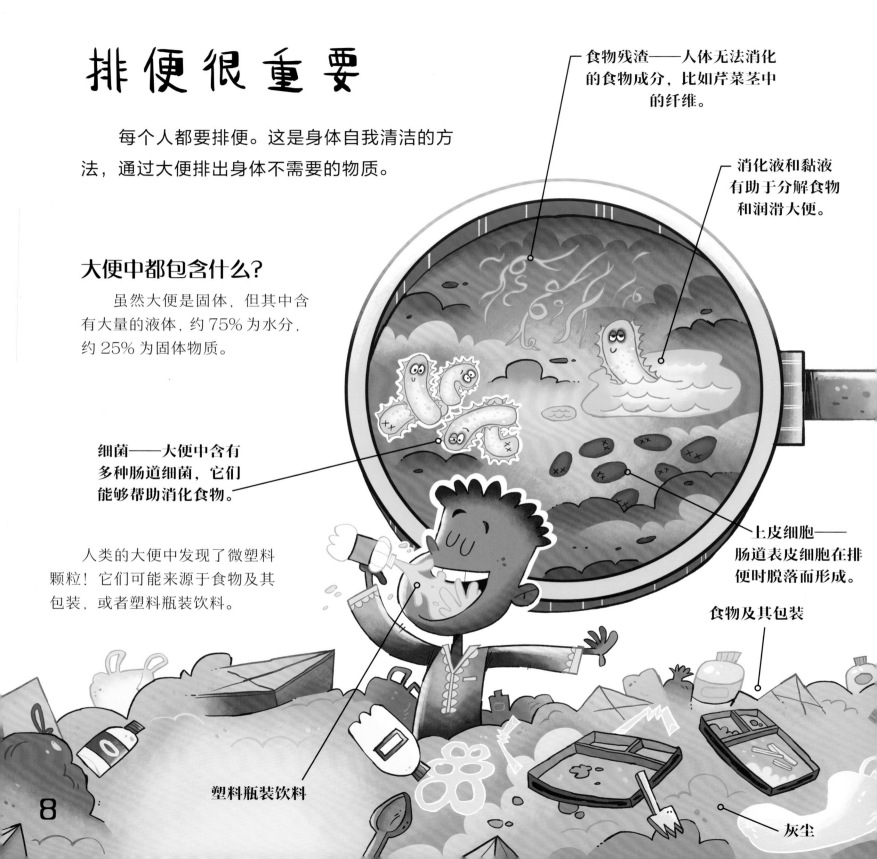

食物残渣——人体无法消化的食物成分，比如芹菜茎中的纤维。

消化液和黏液有助于分解食物和润滑大便。

上皮细胞——肠道表皮细胞在排便时脱落而形成。

食物及其包装

塑料瓶装饮料

灰尘

8

大多数成年人每天排便约**100~350克**。

抱歉！

黄金便便

黄金便便被认为是肠道健康的表现。

腊肠状

柔软且平滑

棕黄色

如果便便出现裂纹，这可能意味着身体需要多补充水。

如果排便呈喷溅状，偏向液态，这可能意味着肠道受凉或感染。

便便离开身体后会去哪儿呢？

便便入厕

世界各地有许多不同类型的厕所，有地上挖个坑的茅厕，也有充满高科技的智能厕所。

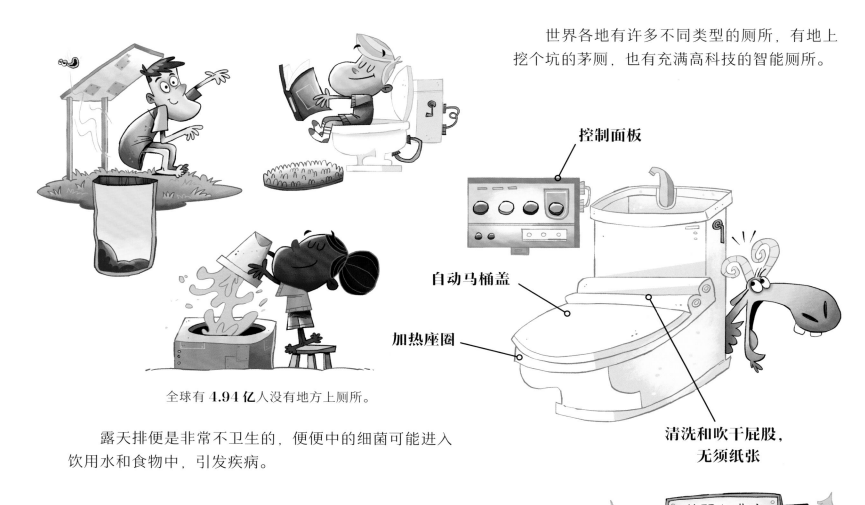

控制面板

自动马桶盖

加热座圈

**清洗和吹干屁股，
无须纸张**

全球有 **4.94 亿** 人没有地方上厕所。

露天排便是非常不卫生的，便便中的细菌可能进入饮用水和食物中，引发疾病。

有些苍蝇喜欢便便，它们以此为食并在其中产卵。
它们分解便便，但同时也携带和传播便便中的有害细菌。

荒野咖啡馆

下水道

在现今的发达城镇，污水处理系统将便便、厕纸、废水，输送到处理厂。

4 000 多年前，印度的古城洛塔尔就有一套砖砌排水系统。通过这一系统，水将家庭厕所中的便便冲走，直接输送至河流。

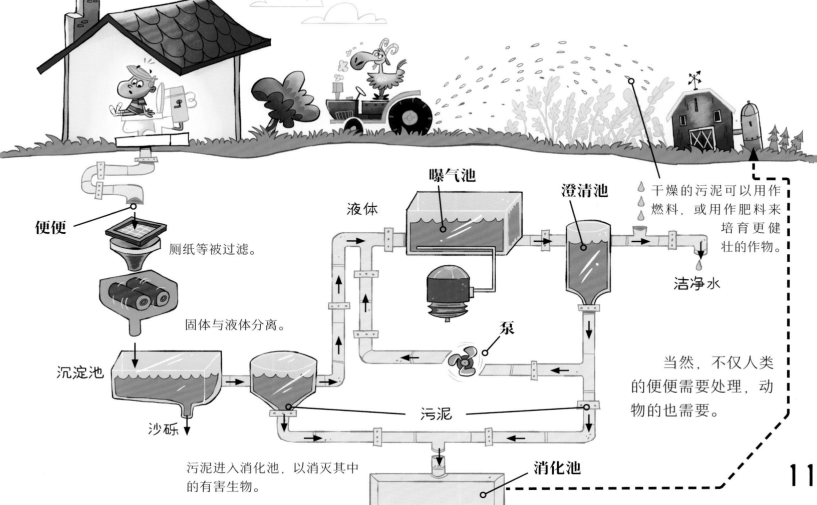

便便

厕纸等被过滤。

固体与液体分离。

沉淀池

沙砾

污泥进入消化池，以消灭其中的有害生物。

曝气池

液体

澄清池

干燥的污泥可以用作燃料，或用作肥料来培育更健壮的作物。

洁净水

泵

当然，不仅人类的便便需要处理，动物的也需要。

污泥

消化池

11

动物的便便去哪儿了？

大多数动物不使用厕所，它们的便便都去哪儿了？

农民经常将牛粪（牛便便）撒在田地里。牛粪富含对土壤有益的营养元素，有助于作物生长。

便便纸

大象每天排便多达 16 次！大象的便便里含有丰富的纤维，这些纤维来自它们所食用的树枝、树叶、树皮和草。通过清洗、挤压、蒸煮和消毒等流程，可以将这些纤维制作成纸张。

小象宝宝通过吃大象妈妈的便便来获取消化坚硬植物所需的细菌！

一头大象每天可以排出 **50 千克**的便便，这些便便可以用来制作 **125 张纸**。

小象宝宝的便便中没有能够消化坚硬植物的细菌。

大象妈妈的便便中有能够消化坚硬植物的细菌。

便便的妙用

野生动物的便便通常会在细菌、昆虫、蚯蚓和真菌的帮助下，随着时间自然分解。便便在森林中不仅能帮助植物生长，还能帮助植物传播种子。

貘在未被烧毁的森林地面上嗅探时，会吞食许多含有种子的果实。

1 这些未消化的种子随着貘的便便排出。

3 种子在被火烧过的森林中萌发。

烧焦的地面

粪球是便便的别称。

2 蜣螂（俗称屎壳郎）将含有种子的便便滚成粪球。它们的幼虫会吃掉粪球里的便便，而种子则会被留下，等待合适的时机。

在大自然中，不仅动物的便便是有用的，甚至动物的尸体也是有用的。

13

美洲狮霸主

在自然界中，万物皆有用。一个死去的生物将成为其他生物的食物，甚至连土壤也会从中得到滋养。这只不幸的驼鹿将会成为许多生物的食物……

一只美洲狮杀死了这只驼鹿，但它只能吃掉驼鹿大约三分之二的尸体。

大约有 **39** 种鸟类和哺乳动物会以美洲狮剩下的食物为食。

在驼鹿的尸体上，有多达 **215** 种甲虫。其中有些在驼鹿尸体上筑巢并在那里繁殖后代！

接下来，甲虫、蛆虫和苍蝇等开始以驼鹿尸体为食物。鸟类会来吃苍蝇，熊则偏爱蛆虫！一个完整的驼鹿尸体可能需要几天或几周时间才能分解，但最终，什么都不会剩下。

你知道吗？
在非洲，鬣狗和一些秃鹫会吃动物残骸中的骨头！长颈鹿也会啃食骨头，尽管它们不吃肉，但它们能从动物骨头中获取营养。

 ❶ 完整的驼鹿尸体

 ❷ 只剩部分的驼鹿尸体

 ❸ 没剩下多少的驼鹿尸体

 ❹ 除了一点毛发和一两根骨头，其他全没了

我们人类可以从自然界学到很多关于处理便便等固体废物的方法。

舌尖上的浪费

固体食物是人类饮食的重要组成部分。有些人获取的食物远远超过他们所需，有些人却在忍饥挨饿。

在全世界范围内，约有 **17%** 的食物被浪费掉。这意味着宝贵的土地、水资源和运输燃料也被浪费了！有些食物甚至从未到达超市货架。

太大

太小

奇形怪状

包装不当

有些人经常购买超过他们需要的食物，然后将吃不掉的食物丢掉。

但事情应该会好转，因为：

 一些国家已经承诺将减少食物浪费。

 超市工作人员开始销售他们以前会丢掉的外观不完美，但仍然可以安全食用的食物。

 在有些国家，人们通过专门的手机应用程序将自己不需要的食物，捐赠给饥饿的人。

如果腐烂食物被扔进垃圾桶，与其他垃圾挤压在一起（见第 24 页），这些腐烂食物得不到分解所需的氧气，将产生甲烷。甲烷是导致全球变暖的主要温室气体之一。

甲烷

与其他垃圾混合的腐烂食物

食物废弃物应该放在堆肥堆或蚯蚓箱中分解，而不是被送往垃圾填埋场（见第 24 页）。用它制成的堆肥可以在农场、公园和花园中使用。

蚯蚓可以将食物废弃物转化成堆肥

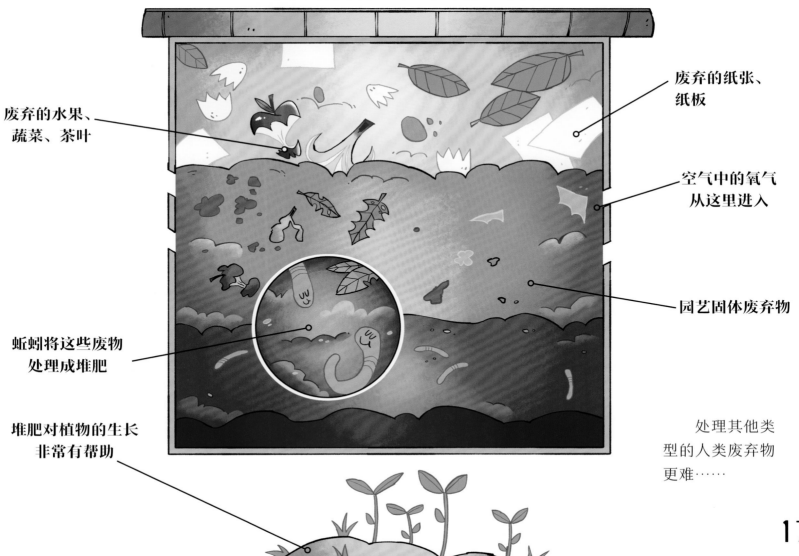

废弃的水果、蔬菜、茶叶

废弃的纸张、纸板

空气中的氧气从这里进入

园艺固体废弃物

蚯蚓将这些废物处理成堆肥

堆肥对植物的生长非常有帮助

处理其他类型的人类废弃物更难……

如何处理塑料垃圾？

塑料制成的固体物品往往只使用一次，就被扔掉。

尽管塑料废弃物可以被回收，制成其他固体物品，比如套头衫。但全世界目前只有 **9%** 的塑料废弃物得到了回收。

有些国家将塑料垃圾在未经任何处理的情况下直接焚烧，这会释放出大量的二氧化碳气体，对环境造成破坏。

当一些国家无法处理他们所有的废弃物时，他们可能会将其运送到其他国家，而在那些国家，塑料废弃物可能会被直接丢弃。

可回收的塑料瓶

一些塑料瓶被回收制成 T 恤衫或是泰迪熊的填充物后，就无法再次回收。然而，有一种 PET 塑料制成的瓶子可以被多次回收，反复循环使用。

在美国加利福尼亚州，人们在购买塑料瓶装饮料时，每个塑料瓶都需要缴纳一定的押金。当人们把空塑料瓶送到回收站时，就可以拿回押金，这些空塑料瓶随后会被送往当地的回收处理厂。

下面是塑料瓶回收的工作流程。对于大多数塑料制品来说，流程大致相同。

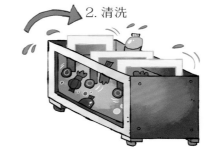

2. 清洗

3. 按颜色分类

1. 将不同类型的塑料分开

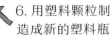

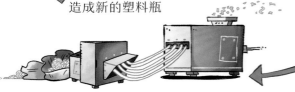

6. 用塑料颗粒制造成新的塑料瓶

5. 杀菌、熔化、干燥、制成塑料颗粒

4. 碾成固体碎片

我们真的需要那么多塑料制品吗？除了下面这些可以重复利用的材料外，想一想我们还可以用哪些材料替代塑料？

金属

竹子

布料

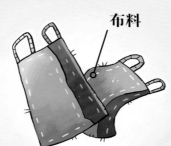

玻璃

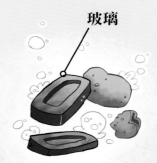

19

比鱼还多的塑料

塑料源自石油、煤炭和天然气等不可再生燃料。有些塑料易于热塑成型，非常适合被制作成固体物品。但塑料与其他固体物品不同，它不会自然降解，能持续存在很长的时间。我们人类在处理固体废弃物方面做得并不出色，尤其是在塑料废弃物方面。

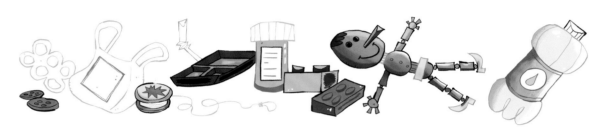

全球每年约有 **800 万**吨塑料垃圾进入海洋。

1997 年，一艘货船在风暴中遗失了 **500 万**片塑料积木玩具！这些塑料积木玩具至今还被不断冲到海滩上。

几乎未受损伤

塑料积木玩具在海洋中可以持续存在 **100 ～ 1 300 年**。

塑料垃圾被风吹入溪流和河流，不断汇入海洋。

太平洋垃圾带

　　1997 年，太平洋上的船员们发现自己被困在了一个由数百万片塑料垃圾组成的垃圾带中。这些塑料垃圾被洋流带动漂流了数百千米远！

较轻的塑料会漂浮起来

太平洋垃圾带

　　阳光照射在海洋上，将塑料物品分解成微小的微塑料，这些微塑料会释放出有毒化学物质。微塑料是微小的固体，它们看起来像鱼的食物，但不会分解。

好吃！

好吃！

微塑料

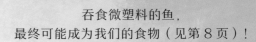

有些动物会被塑料容器卡住。

吞食微塑料的鱼，最终可能成为我们的食物（见第 8 页）！

　　预计到 **2050** 年，海洋中的塑料数量可能会超过鱼的数量。我们需要迅速采取行动，确保这种情况不会发生。

较重的塑料会下沉

21

塑料垃圾解决方案

对于如何处理我们的塑料垃圾，有很多好的方法。

去除水中微塑料

19岁的爱尔兰学生费雷拉获得了一个奖项，因为他发现：

1. 植物油能够吸引微塑料。

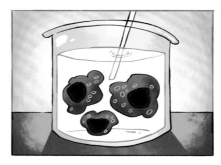

2. 植物油被磁性岩石吸引。

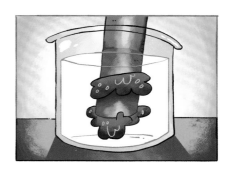

3. 使用磁铁可以从水中提取微塑料。

费雷拉目前正在研发一种机器，船只可以携带该机器在航行时从海洋中提取微塑料。

塑料瓶变砖块

中国台湾的设计师用 **150 万**个废弃塑料瓶建成了一个巨大的展览厅。这个展览厅不仅能够经受住地震和台风的考验，而且整个建筑都是可回收的！

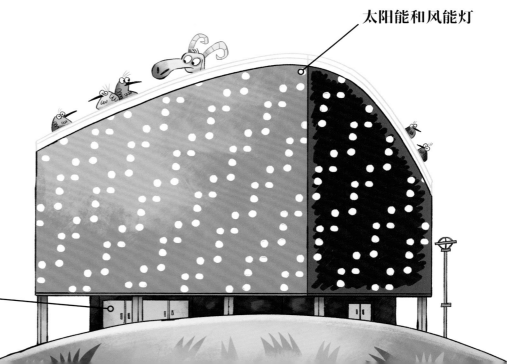

太阳能和风能灯

内部凉爽，几乎无须空调

喝了我

来自印度尼西亚巴厘岛的凯文·库马拉利用木薯淀粉、植物油和天然树脂制作超市购物袋。这些袋子能在水中溶解。为了证明它们对环境是安全的，凯文亲自饮用了它们！

洁净的海洋

海洋清理项目工作人员希望到 **2040 年** 能清除并回收 **90%** 的漂浮塑料垃圾！他们专门设计的太阳能船致力于清理世界上污染较严重的河流中的塑料垃圾，以防止塑料垃圾流入大海。

塑料垃圾沿传送带移动

进行塑料垃圾回收

网兜收集塑料垃圾

由不同材料制成的固体物品造成了另一个回收难题……

鞋子与垃圾填埋场

你会怎么处理一双磨损的鞋子？ **90%** 不需要的鞋子会被扔掉，与衣物和其他家庭废弃物一起最终进入垃圾填埋场。

你知道吗?
2019 年全球生产了
243 亿双鞋子。

目前，许多运动鞋并没有设计成易修复或可回收的。它们可能由 15 种不同的材料组成，并用胶水黏合在一起。

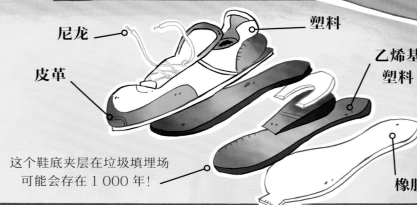

尼龙

塑料

皮革

乙烯基塑料

这个鞋底夹层在垃圾填埋场可能会存在 1 000 年!

橡胶

垃圾填埋场

垃圾填埋场是一种专门处理、填埋垃圾的场地，它占用大量空间和土地。其中有些固体垃圾本可以被回收利用，有些危险液体可能逸出至河流和海洋，污染环境。

甲烷等气体被回收，用作燃料使用。

垃圾被压实以占用较少空间。

旧的垃圾填埋场的泄漏问题比较严重。现代垃圾填埋场的防护层做得非常好，但是危险气体和液体偶尔也会泄漏。

防护层用来防止泄漏

泄漏物质通过管道逸出。

节省鞋底

印度孟买的两位运动员在训练期间，发现他们的运动鞋被快速磨损了。尽管鞋面破损了，鞋底却依旧坚固。这让他们有了一个想法……

你知道吗?
世界上还有许多人没有鞋子穿。

如今有些鞋类公司将旧鞋改造成拖鞋，送给那些光脚走路的儿童。

旧鞋改造前

旧鞋改造后

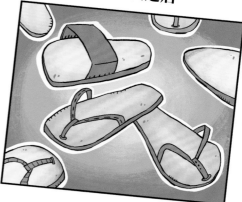

维京鞋匠

你知道吗?
皮革通常会随时间在土壤中分解。但是，在英国约克郡的维京定居点发现了 1 700 双旧皮鞋。它们被无氧的黏土保护着，保存了 1 000 年!

皮革维京鞋

有些固体材料可以被很好地回收利用……

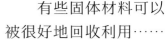

千锤百炼的金属

人类使用金属已经数千年了。固体金属可以加热成液态，制成各种有用的物品。当这些金属物品不再有用时，该怎么处理呢？

金首饰

铜币

青铜武器

随着时间的流逝，金属一般会因腐蚀、暴露于空气或水中时生锈而逐渐分解。然而，得到有效防护、避免了上述因素影响的金属物品则能保存很久。

在中国河南省出土了一枚有 2 600 年历史的青铜铲形币及其模具（见右图）。

在中国发现的铲形币

重 25 克

宽 6 厘米

长 15 厘米

金属罐的再生之旅

金属罐能够保存食物，让其多年不变质，但当食物被吃完后，这些金属罐会去哪儿呢？

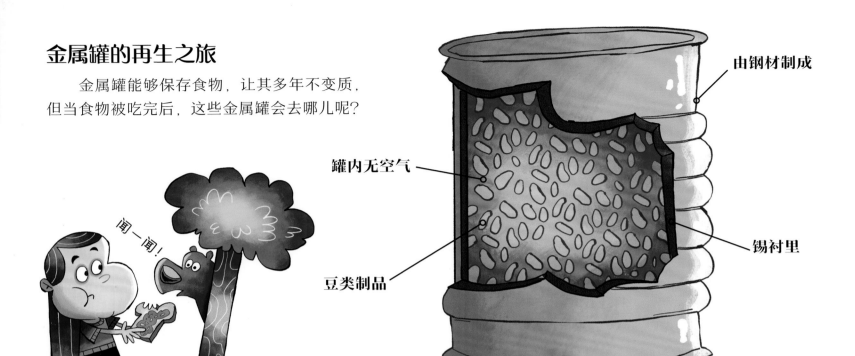

由钢材制成

罐内无空气

锡衬里

豆类制品

锡不生锈，但钢铁会。锡衬里可以保护食物。

从矿石中开采新金属成本高昂且耗能巨大。回收金属则成本低得多，因此，金属罐几乎是 **100%** 被回收的。

旧金属罐

被回收利用的金属罐

澳大利亚每周有 **1 750 万个金属罐**被熔化回收。

新车车身的 25% 由回收钢材制成。

我们需要回收利用更多的……

太空中的固体

我们人类善于利用各种固体材料，但却将固体废物四处丢弃在陆地上、河流里、海洋中。航天员甚至在月球上留下了旗子、探测仪器，还有生活垃圾！

"那是什么？"

数以百万计的人造太空垃圾正在地球轨道上飞行。它们并非静止不动，而是以高速移动，即使是一小片油漆屑也可能对太空中的航天器造成伤害！

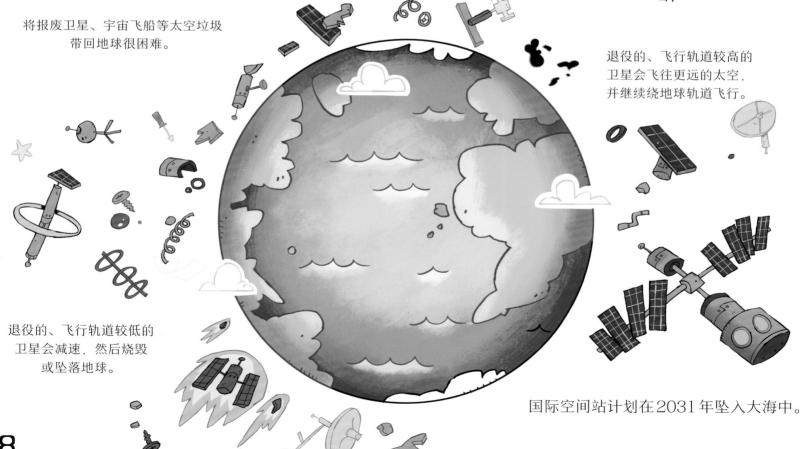

将报废卫星、宇宙飞船等太空垃圾带回地球很困难。

退役的、飞行轨道较高的卫星会飞往更远的太空，并继续绕地球轨道飞行。

退役的、飞行轨道较低的卫星会减速，然后烧毁或坠落地球。

国际空间站计划在2031年坠入大海中。

制造太空设备会消耗地球的宝贵资源。因此，有计划回收太空垃圾是个好消息。

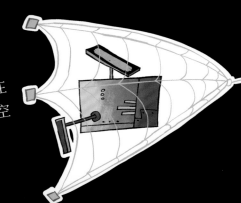

一些国家希望在2030年实现无太空垃圾的航天任务。

捕获太空垃圾的实验已经在进行中。

未来，我们可能会在月球上建造一个回收站。

无论我们将固体废弃物倾倒在地球还是太空，它们并不会就此消失。构成这些固体的分子（原子或离子）可以转化成更小的粒子，甚至可以重新组合成新的固体。

在地球上，我们使用的固体材料不断增多。但若能尊重自然规律，最大限度地利用现有资源，减少浪费并尽可能循环使用，这些材料足够我们使用很长一段时间。

术语表

固体: 有一定形状和体积的物体, 它由紧密排列的分子(原子或离子)构成。日常生活中常见的桌子、椅子、肥皂等都是固体。

分子: 物质中能够独立存在并保持其化学特性的最小微粒, 由原子组成。

晶体: 原子、离子或分子按照一定的空间次序排列而形成的固体, 具有规则的外形。食盐、糖、石英等都是晶体。

葡萄糖: 在自然界分布较广的一种无色单糖, 有甜味。广泛存在于生物体中, 特别是葡萄中, 是人和动物主要的能量来源。

纤维: 天然或人工合成的细丝状物质, 如植物纤维、动物纤维、矿物纤维和合成纤维等。

细菌: 一种单细胞生物体, 它结构简单, 个体非常小, 大多只能在显微镜下被看到。有的细菌对人类有利, 有的细菌能使人类以及动植物生病。

微塑料: 直径小于 5 毫米的塑料颗粒、纤维、薄膜和碎片等的总称, 是一种不易察觉的污染载体。

污水处理系统: 共同完成污水处理的各种设备及建筑物, 按其功能以一定顺序组合而成的整体的总称。

消毒: 用化学、物理等方法杀灭或清除致病的微生物。

甲烷: 常温下无色无味的可燃气体, 是天然气的主要成分, 也是主要的温室气体之一。

堆肥: 把落叶、杂草、泥土、秸秆、粪尿等混合堆积起来, 经过微生物分解而成的有机肥料。

金属: 具良好的导电性、导热性、延展性, 并有特殊光泽的物质。除汞以外, 在常温下都是固体, 如金、银、铜、铁等。

太平洋垃圾带: 位于美国加利福尼亚州与夏威夷之间的太平洋上, 是世界上最大的海洋垃圾带, 面积是法国的 3 倍。

太空垃圾: 又称空间碎片或轨道碎片, 是指宇宙空间中除正在工作着的航天器以外的各种人造废弃物及其衍生物。